爱上数学 16

·全等、对称、平移·

河狸是个修房高手

〔韩〕崔香淑 / 著　〔韩〕金恩正 / 绘　张晓阳 / 译

U0243056

云南出版集团　晨光出版社

阿虎正在玩拼图。可是，最后一块拼图的形状却和拼图的缺口不同。到底怎么做，才能把拼图拼完整呢？

真奇怪！这明明是最后一块拼图了，为什么和缺口的形状不一样呢？

秋天到了，树叶开始变黄，风轻轻一吹，就一片一片从树枝上飘落下来。

小动物们变得忙碌起来，大家都想在冬天来临前赶紧把房子修好。

勤劳的河狸早早地就把房子修好了，小动物们都忍不住称赞道："河狸的手艺就是好，太厉害了！"

一旁的狐狸撇撇嘴说："不就是修房子嘛，我也会！"

4

这天，狐狸去找小松鼠玩。

小松鼠正准备开始修房子。她对着墙壁左看看右看看，说："到了寒冷的冬天，出去玩儿的机会就少了，不如再多开一扇窗户，这样无聊的时候至少能多看看外面。"

狐狸问："小松鼠，你打算怎么做呢？"

小松鼠说："我要在粉色的墙上开一扇和绿色墙上一模一样的窗户。"

狐狸也想像河狸那样得到大家的夸奖，她连忙对小松鼠说："我装窗户装得可好了，我来帮你吧！"

还没等小松鼠同意，狐狸已经拿着蜡笔在粉色的墙上画了起来，她边画边说："窗户是方的，画个方形就可以了！"

　　小松鼠却摇摇头说："你画的方形和绿色墙上的窗户形状不一样，大小也不一样。"

　　狐狸又试着画了几个……

　　小松鼠忍无可忍地叫了起来："狐狸，别画了！你把我的墙壁画得乱七八糟的！"

没办法，小松鼠只好去找河狸帮忙。

河狸赶到小松鼠家，查看了情况后，说："你只要想办法把绿色墙壁上的窗户平移到粉色墙壁上就可以了！"

河狸拿出一张薄薄的纸，盖在绿色墙壁的窗户上，描出了窗户的轮廓。

他又把纸移到粉色的墙上，说："像这样把纸平移过来，就能做出一模一样的窗户了。"

小松鼠高兴地鼓起掌来："没错，完全一模一样！"

狐狸看到后，悄悄地离开了。

"不就是把窗户平移一下嘛，
我也会！"

不知不觉，狐狸走到了兔子家门前，兔子也正在院子里修理房子。

　　狐狸看到兔子家的外窗只有左边半扇，好奇地问："右边半扇哪儿去了呢？"

　　兔子一脸焦虑地说："春天时我把外窗拆下来了，可是现在怎么也找不到右边的半扇了。"

　　听了兔子的话，狐狸自信地说："别担心！我帮你做个新的！"

咦？这是怎么回事？

狐狸找来一张薄薄的纸，仿照河狸的做法，好不容易做出了半扇外窗，累得直喘粗气。

　　可是，狐狸做的这半扇外窗和右边的窗户对不上。

　　兔子着急了，"我还是找河狸来看看吧！"

河狸来了，只见他把狐狸做的外窗向右翻转了一下，
钉好钉子，说："你们看，不大不小，刚好合适。"

狐狸看到后，又悄悄地离开了。

"不就是翻转一下嘛，我也会！"

狐狸慢腾腾地走在回家的路上，看见大熊坐在院子里，好像在找什么。

狐狸问："大熊啊，你在干什么呢？你家的围墙上怎么有一个那么大的洞？"

大熊长叹了一口气，说："是啊，我正在找能补上这个洞的砖，可就是找不到。"

狐狸说："别着急，我来帮你做一块！"

这时，河狸刚好路过，他走进院子，捡起地上的一块砖，说："不用特意做，用这块就可以。"

狐狸看了看河狸手里的砖，说："你别自作聪明了，这块砖和墙上的洞形状一样吗？"

"现在看是不太一样，但是如果像这样旋转一下……"河狸边说边把手里的砖向左边一转，放进了洞里，"你看，是不是刚刚好呢？"

大熊惊讶地说："天哪，太合适了！真不愧是河狸呀！"

狐狸再一次哑口无言。

狐狸气呼呼地回到家。

本来想像河狸一样得到大家的夸奖，结果一天下来却到处丢脸，狐狸越想越生气。

"平移，翻转，旋转！让他一个人好好儿干去吧！"

狐狸撒气似的，"砰"的一声狠狠地摔上了门。

只听"哐当"一声，一侧的房门倒在了地上。

为了把门修好，狐狸试了很多办法，全都没成功。

嗖嗖的冷风不断地吹进来，狐狸冻得瑟瑟发抖。"难道我也要去请河狸来帮忙吗？"但她马上又摇了摇头，"我不要！可是……这样下去我还怎么过冬啊？"

没想到，傍晚的时候河狸来了。

河狸问狐狸：“听说你家的门坏了？”

狐狸小声嘟囔着：“你怎么知道的？”

河狸说：“是小燕子告诉我的。你的门和鹿叔叔家的门一模一样，我就直接做好带过来了。”

听了河狸的话，狐狸惊喜得瞪大了双眼。

但是看到河狸带来的门后，狐狸又埋怨了起来，“河狸啊，这扇门和我家的门框完全不匹配啊！”

"真的吗？你再好好看一下！"

河狸把门向左一转，再翻转，就与空着的半边门框完全匹配了。

河狸又仔细地给狐狸讲解了一次操作步骤，并把这扇门来回翻转演示给她看。

先把门向左旋转90°。

然后向右翻转，对吗？

没错！看，门板和门框
完全匹配啦！

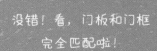

"这扇门真是太合适了！"河狸用锤子"哐哐"敲了几下，把门钉得结结实实。

　　狐狸这次彻底服气了，她竖起两个大拇指，夸奖道："平移、翻转、旋转，你样样都精通，果真是个修房高手！太厉害啦！"

让我们跟河狸一起回顾一下前面的故事吧！

小朋友们是不是觉得我"叮叮当当"修理房子的样子很帅呀？

我分别利用平移、翻转、旋转的方法，帮小松鼠开了新窗户，帮兔子做了外窗，帮大熊修理了围墙，还帮狐狸做了半扇门。其实只要对图形进行平移、翻转、旋转，就能做出全等图形或者轴对称图形了。

那么接下来，我们就深入了解下图形的全等、对称和平移吧！

数学面对面

认识全等、对称、平移

用不同的方法移动图形，图形就会呈现出和原来不同的样子。让我们一起来观察图形的各种变化吧！

倒映在湖面上的房子好像跟岸边的房子一模一样呢！

是啊，不过湖面上的房子上下颠倒了。

湖面倒映的景色和实际的风景很像，但又不完全一样，到底有哪些区别呢？

如果我们把图形向右或向左翻转，就会和在镜子里看到的一样，图形的右边和左边反过来了。如果我们把图形向上或向下翻转，就会像湖面上倒映的风景一样，图形的上下发生了颠倒。

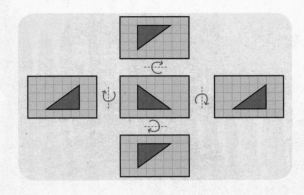

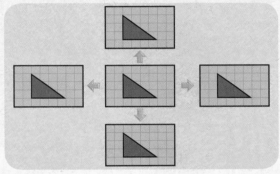

但如果上下或左右平移图形，那么图形只会改变位置，形状不会发生任何变化。

把图形旋转后，它的样子会发生什么变化呢？请根据下面的要求旋转图形试一下吧。

顺时针旋转 90°

顺时针旋转 180°

顺时针旋转 270°

顺时针旋转 360°

如果把图形转 360°，就和最开始完全一样了！

在彩纸上画出一只帆船，再在下面叠加一张彩纸，捏紧两张纸，沿着帆船的轮廓线剪下来，就可以得到两只形状、大小完全一样的帆船了。

像这样形状和大小一样，并且可以完全重叠起来的图形，就叫作"**全等图形**"。

把两个全等的图形完全重叠起来，它们的顶点、边和角也都会重叠在一起。我们将重叠的顶点称为"**对应点**"，重叠的边称为"**对应边**"，重叠的角称为"**对应角**"。

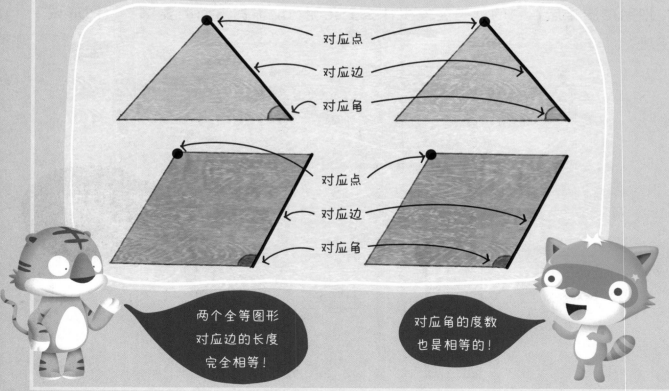

对应点

对应边

对应角

对应点

对应边

对应角

两个全等图形对应边的长度完全相等！

对应角的度数也是相等的！

像下图那样，先把彩纸对折，在纸上画好图案，再沿着线剪开。打开之后，就会得到一个以折线为中心，左右完全重叠的图形。

像这样沿着某条直线折叠，折叠后两部分可以完全重合的图形就叫作"**轴对称图形**"。

下方轴对称图形上的虚线叫"**对称轴**"。把对称图形以对称轴为中心折叠起来，两侧是可以完全重叠在一起的。

有的轴对称图形只有1条对称轴，而有的轴对称图形有好几条对称轴。

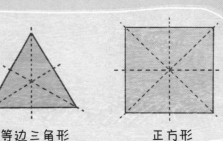

梯形　　　　　等边三角形　　　　　正方形

好奇心一刻

圆的对称轴有多少条？

等腰梯形或等腰三角形只有1条对称轴，但是也存在有好几条对称轴的轴对称图形。例如：等边三角形有3条对称轴，正方形有4条对称轴。那么，圆一共有多少条对称轴呢？因为经过圆心的直线都可以成为圆的对称轴，所以圆的对称轴有无数条。

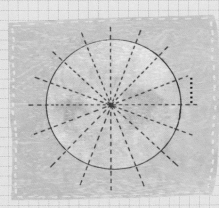

身边的数学 生活中的全等、对称、平移

现在，我们已经知道把图形翻转或旋转后会发生什么变化，还学习了图形的全等和对称。那么接下来，我们一起看看，这些知识在生活中是如何被广泛运用的吧。

泰姬陵

泰姬陵是印度的代表性建筑，虽然看起来像宫殿，实际上却是一座陵墓。莫卧儿帝国的第 5 代皇帝沙·贾汗为了纪念去世的妻子修建了泰姬陵。泰姬陵拥有堪称完美的对称结构，它以中线为对称轴，其左右无论是长度、高度还是装饰花纹、树木景观都严格对称。水池的设计更是"神来之笔"，它使倒映在池塘中的房屋又和地上部分形成了上下对称。

拓本

拓本就是把刻在石碑或瓦片上的花纹、文字原封不动地拓在纸上。把纸贴在想要制作拓本的物体上，用棉花团蘸上墨轻轻拍打，就可以将纹路或字迹原封不动地呈现出来。拓本和原来的图案就像形状和大小完全相同的全等图形一样，字体和花纹的方向、大小也都是一样的。这种方法经常被应用在文物字迹或图案的研究中。

美术

版画

    版画是在木头或石板上刻上图案并涂好颜色后，再用纸或布把图案印下来的画。由于刻着图案的版面不会有变化，因此可以将同样的画印出好几张。版画主要有两种，一种是在版面上刻好画后，在凸面蘸上墨水印制的凸版画，另一种是在凹进去的部分蘸上墨水印制的凹版画。大部分版画都是颠倒过来的，版和画通过左右颠倒才得以呈现出来。

移画印花法

    移画印花法是指在纸的一半涂上颜料然后对折，或将其它纸盖在涂满颜料的纸上之后印出画来的方法。涂在一侧的颜料会印到另一侧，形成对称的图案。将颜料涂得厚厚的，再使劲按压，还会晕染出各种不同的颜色和效果。

轰隆隆的火车

请你先沿着黑色实线剪下右页下方的图案，按照火车车厢的连接规则，旋转或平移这些图案，分别贴在对应的车厢上。

火车车厢的连接规则

顺时针旋转90°	顺时针旋转180°	向左平移	向上平移
顺时针旋转270°	顺时针旋转360°	向右平移	向下平移

43

转来转去都一样

河狸做了一些可以挂在墙上的装饰品。请在下面的装饰品中，找出按照 方向，即顺时针旋转 90° 后，还和原来一样的图形，并圈出来。

制作彩旗

小朋友们正在用彩纸做漂亮的彩旗，请找出和红色旗子形状、大小完全一样的彩旗并圈出来。

趣味小游戏 **4** **一模一样的窗户**

狐狸想用三角形拼出和窗户的形状、大小完全一样的正方形。请你把最下方的三角形沿着黑色实线剪下来，贴在右侧窗户合适的位置上，拼成一个完整的正方形。

▼ 用于第47页。

贴瓷砖

阿虎家卫生间墙壁上的瓷砖掉了。请你将 46 页下方的瓷砖分别剪下来，旋转或翻转之后贴在下图中正确的位置上，然后参考 示例 ，把贴的方法写下来。

应该怎么旋转瓷砖，形状才正好合适呢？

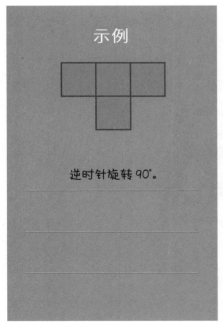

示例

逆时针旋转90°。

_____

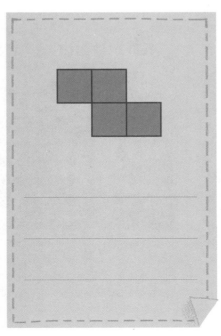

_____

_____

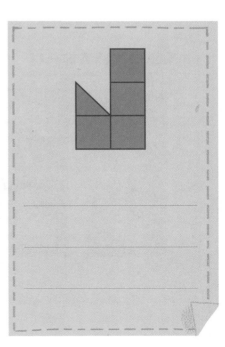

_____

_____

参考答案

42~43 页

同一个图案用不同的方法旋转，呈现出的样子也会不同！

44~45 页

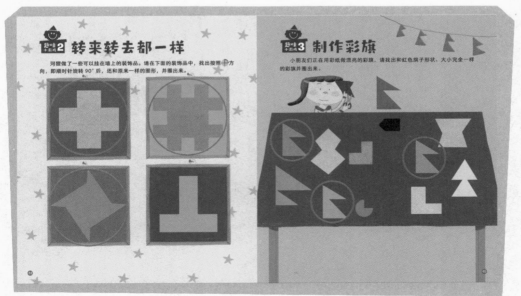